BEI GRIN MACHT SICH IHR WISSEN BEZAHLT

- Wir veröffentlichen Ihre Hausarbeit, Bachelor- und Masterarbeit

- Ihr eigenes eBook und Buch - weltweit in allen wichtigen Shops

- Verdienen Sie an jedem Verkauf

Jetzt bei www.GRIN.com hochladen und kostenlos publizieren

Bibliografische Information der Deutschen Nationalbibliothek:

Die Deutsche Bibliothek verzeichnet diese Publikation in der Deutschen Nationalbibliografie; detaillierte bibliografische Daten sind im Internet über http://dnb.d-nb.de/ abrufbar.

Dieses Werk sowie alle darin enthaltenen einzelnen Beiträge und Abbildungen sind urheberrechtlich geschützt. Jede Verwertung, die nicht ausdrücklich vom Urheberrechtsschutz zugelassen ist, bedarf der vorherigen Zustimmung des Verlages. Das gilt insbesondere für Vervielfältigungen, Bearbeitungen, Übersetzungen, Mikroverfilmungen, Auswertungen durch Datenbanken und für die Einspeicherung und Verarbeitung in elektronische Systeme. Alle Rechte, auch die des auszugsweisen Nachdrucks, der fotomechanischen Wiedergabe (einschließlich Mikrokopie) sowie der Auswertung durch Datenbanken oder ähnliche Einrichtungen, vorbehalten.

Impressum:

Copyright © 2018 GRIN Verlag
Druck und Bindung: Books on Demand GmbH, Norderstedt Germany
ISBN: 9783668925779

Dieses Buch bei GRIN:

https://www.grin.com/document/463122

Anonym

Modellierungsaufgaben. Eine Chance für einen sprachsensiblen Mathematikunterricht?

GRIN Verlag

GRIN - Your knowledge has value

Der GRIN Verlag publiziert seit 1998 wissenschaftliche Arbeiten von Studenten, Hochschullehrern und anderen Akademikern als eBook und gedrucktes Buch. Die Verlagswebsite www.grin.com ist die ideale Plattform zur Veröffentlichung von Hausarbeiten, Abschlussarbeiten, wissenschaftlichen Aufsätzen, Dissertationen und Fachbüchern.

Besuchen Sie uns im Internet:

http://www.grin.com/

http://www.facebook.com/grincom

http://www.twitter.com/grin_com

Freie Universität Berlin Berlin, 27.07.2018
Fachbereich Erziehungswissenschaften und Psychologie
Arbeitsbereich Grundschulpädagogik
Lernbereich Mathematik
Seminar Aktuelle Forschungsfragen Mathematik II

Modularbeit

im Fach „Grundschulpädagogik"

Modellierungsaufgaben als Chance für einen sprachsensiblen Mathematikunterricht

Inhaltsverzeichnis

Einleitung 3

1 Theoretische Grundlage 4

   1.1 Sprache und Mathematik 4

   1.2 Modellierungsaufgaben im Mathematikunterricht 5

      1.2.1 Modellierungskreislauf 6

2 Sprachsensibler Unterricht durch mathematisches Modellieren in der Grundschule 7

   2.1 Bedeutung und Ziele für Heranwachsende 8

   2.2 Sprachlicher Kompetenzerwerb durch mathematisches Modellieren 9

3 Umsetzungsmöglichkeiten in der Grundschule 11

   3.1 Modellierungsaufgaben für Kinder? 11

   3.2 Beispielaufgabe 12

Fazit 13

Literaturverzeichnis 14

Einleitung

„Geht es um den Mathematikunterricht, so ist die Meinung nach wie vor verbreitet, dass die Sprache dabei eine untergeordnete Rolle spielt und es nur darauf ankommt ein richtiges Ergebnis zu berechnen"[1]

Dem entgegensprechend formuliert der Rahmenlehrplan Mathematik, dass die Sprache als zentrales Verständigungsmittel auch im Mathematikunterricht der Grundschule eine entscheidende Rolle spielt[2]. Die Sprache als eine Form der Kommunikation wird auch im Mathematikunterricht genutzt, um Grundvorstellungen zu vermitteln sowie Fachbegriffe zu erklären, die nur mithilfe von Umschreibungen durch sprachliche Hilfsmittel den Schülerinnen und Schülern (SuS) näher gebracht werden können. Darüberhinaus müssen Kinder Arbeitsaufträge entschlüsseln, Textaufgaben verstehen und diese abstrahieren können. Allerdings müssen die Heranwachsenden bestimmte Wortschatzkenntnisse, Grammatik- und Kontextwissen vorweisen, um überhaupt mathematische Texte und Anweisungen verstehen zu können[3]. Dies geschieht über die Gestaltung eines sprachsensiblen Mathematikunterrichts, der besonders in der Grundschule von Bedeutung ist. Hierfür sind besonders Aufgaben geeignet, die ausgehend von der Alltagssprache mathematische Fähigkeiten fördern und eine gemeinsame Bearbeitung durch alle Kinder der Klasse ermöglichen.

Eine Möglichkeit ist das mathematische Modellieren: „Schüler sollen Sachtexten und anderen Darstellungen der Lebenswirklichkeit die relevanten Informationen entnehmen, Sachprobleme in die Sprache der Mathematik übersetzen, innermathematisch lösen und diese Lösungen auf die Ausgangssituation beziehen"[4]. Mathematische Modellierungsaufgaben bieten demnach Sprachanlässe und fördern damit die Kommunikation über alltägliche Probleme sowie den Wechsel der Sprachregister. Inwiefern Modellierungsaufgaben als Chance für einen sprachsensiblen Mathematikunterricht genutzt werden können, soll in der vorliegenden Arbeit dargestellt werden. Hierfür ist es zunächst notwendig den Zusammenhang der Sprache und Mathematik zu erarbeiten sowie eine Definition des mathematischen Modellierens als theoretische Grundlage vorzustellen. Darauffolgend sollen Ziel und (sprachliche) Kompetenzen von Modellierungsaufgaben dargestellt werden, um herauszuarbeiten, inwiefern sie einen sprachsensiblen Mathematikunterricht ermöglichen. Im dritten Kapitel der Arbeit wird kurz die

---

[1] Abshagen, Maike (2015): *Praxishandbuch Sprachbildung Mathematik. Sprachsensibel unterrichten- Sprache fördern.* Stuttgart: Ernst Klett Verlag, S.10.
[2] Vgl. Berliner Senatsverwaltung für Bildung, Jugend und Familie (2017): *Rahmenlehrplan Teil C Mathematik, Jahrgangsstufen 1- 10*, S.7.
[3] Vgl. Abshagen, Maike (2015), S.13.
[4] Maaß, Katja (2007): *Mathematisches Modellieren. Aufgaben für die Sekundarstufe I.* Berlin: Cornelsen, S.7.

Wichtigkeit der Modellierungsaufgaben für Kinder erläutert und eine Beispielaufgabe vorgestellt. Abschließend folgt ein zusammenfassendes Fazit.

1 Theoretische Grundlage

Zunächst wird der Zusammenhang von Sprache und Mathematik sowie der Begriff Modellierungsaufgaben im Bezug zum Mathematikunterricht näher erläutert, um eine theoretische Grundlage zu bilden. Dies ist insofern wichtig, weil sie eine Basis dieser Arbeit darstellen und mehrmals aufgegriffen werden. Auch der Modellierungskreislauf ist von grundlegender Bedeutung, um den Prozess des Modellierens verstehen zu können.

1.1 Sprache und Mathematik

„Da im Mathematikunterricht der Grundschule bis zu 500 neue Begriffe eingeführt werden[,] [kann] Mathematik somit als erste Fremdsprache angesehen werden [...]"[5]

Im Mathematikunterricht ist es wichtig zu diskutieren, mathematische Überlegungen auszudrücken und zusammenzuarbeiten. Die Vermittlung und der Erwerb fachlicher Inhalte wird nicht nur über Sprache, wie man sie aus dem Alltag kennt, „sondern auch über eine spezifische mathematische Fachsprache sowie über handelnde, bildhafte und symbolhafte Darstellungsweisen"[6] vollzogen. Demnach kommt der Sprache im Mathematikunterricht nicht nur eine kommunikative Funktion zu; sie wirkt gleichzeitig auch als Vermittler mathematischer Bedeutungen und muss von Heranwachsenden zunächst als eigenständiger Lerninhalt verinnerlicht werden.

Sprache kann aus dem Mathematikunterricht nicht weggedacht werden: Allein wenn die Lehrkraft den Arbeitsauftrag erteilt '5 x 5' zu rechnen, drückt sie aus die Zahl '5' eben fünf Mal zu addieren. Um Schülerinnen und Schüler in diesem Lernprozess zu unterstützen und grundlegende Rechenarten nachhaltig verinnerlichen zu lassen, ist es unumgänglich Sprache als Vermittlungsmittel zu nutzen. Neben der Umgangssprache, die die Lernenden ohnehin im Unterricht verwenden, geht es auch um die Nutzung der Fachsprache, die über das bloße Erlernen von spezifischen mathematischen Begriffen hinausgeht. Die Mathematik bedient sich spezifischer

---

[5] Lorenz, Jens-Holger (1996): *Ursachen für gestörte mathematische Lernprozesse.* In: G. Eberle; R. Kornmann (Hrsg.): Lernschwierigkeiten und Vermittlungsprobleme im Mathematikunterricht an Grund- und Sonderschulen. Möglichkeiten der Vermeidung und Überwindung, S. 19–35. Weinheim: Deutscher Studienverlag, S.25f.
[6] Gudrun, Stefan (2012): *Motivation und Interesse im Mathematikunterricht der Grundschule: Genese- Indizierung- Förderung. Evaluation und Reflexion des Unterrichtsprojekts Sprech- und Schreibanlässe im Mathematikunterricht der dritten und vierten Jahrgangsstufe.* Hamburg: Verlag Dr. Kovac, S. 71.

Textsorten und hat einen typischen Sprachduktus mit syntaktischen Besonderheiten [7]. Man unterscheidet auch im Mathematikunterricht zwischen verschiedenen Fachregistern[8], weil sich verschiedene Anforderungssituationen ergeben: Die Umgangs- oder auch Alltagssprache und die Fachsprache, wobei beide sowohl in mündlicher als auch in schriftlicher Form genutzt werden. Der allgemeinen Meinung entgegensetzend kann gesagt werden, dass sich Sprache in der Mathematik sehr komplex verhält und gleichzeitig eine immense Bedeutung besitzt. Gerade für Schulanfänger ist ein sprachsensibler Mathematikunterricht wichtig, um ein grundlegendes Verständnis von Mathematik zu erhalten und darauf aufbauen zu können, da Sprache, sei es schriftlich oder mündlich, nicht aus der Mathematik wegzudenken ist. Aus diesem Grund soll im Folgenden eines von vielen Beispielen vorgeführt werden, in dem Modellierungsaufgaben im Mathematikunterricht eine Rolle spielen, bevor dann analysiert wird, inwiefern sie für einen sprachsensiblen Unterricht genutzt werden können.

1.2 Modellierungsaufgaben im Mathematikunterricht

Seit den Beschlüssen der Kultusministerkonferenz 2003 bekommt das mathematische Modellieren im Mathematikunterricht einen besonderen Stellenwert. Sie stellt neben dem mathematischen argumentieren, dem Verwenden mathematischer Darstellungen, dem mathematischen Lösen von Problemen, dem mathematischen Kommunizieren sowie dem symbolischen, formalen und technischen Umgehen mit Mathematik eine der sechs zentralen Kompetenzen dar, die als Kern der Standards für den Mathematikunterricht formuliert wurden.[9]

Unter mathematisches Modellieren wird ein idealisierter Arbeitsprozess verstanden, der die Bearbeitung von Fragestellungen beinhaltet, die aus der realen und außermathematischen Welt stammen [10]. Demnach kommt man dem internationalen Ziel Realitätsbezüge in den Mathematikunterricht stärker zu etablieren und den Bereich der Anwendung von Mathematik zu erweitern näher[11]. Der Begriff des Modellierens stellt demnach den Prozess des Problemlösens aus der Realität in den Vordergrund und nicht mathematische Inhalte. Geht man von der

---

[7] Krauthausen, Günter (2017): *Einführung in die Mathematikdidaktik- Grundschule*. 4. Auflg. Berlin: Springer Verlag, S.21.
[8] „Ein Sprachregister bezeichnet eine funktionale Verwendung von Sprache, wobei angenommen wird, dass ein Individuum seine Sprache den in einer Situation als gegeben erachteten Anforderungen anpasst."
Meyer, Michael; Tiedemann, Kerstin (2017): *Sprache im Fach Mathematik*. Berlin: Springer Verlag, S. 11.
[9] Vgl. Berliner Senatsverwaltung für Bildung, Jugend und Familie (2017), S.6f.
[10] Vgl. Jablonka, Eva (2017): *Mathematisches ‚Modellieren' (auch ‚Modellbilden', ‚Mathematisieren') in der Schulmathematik*. Freie Universiät Berlin.
[11] Vgl. Ferri, Rita Borromeo et al. (Hrsg.) (2013): *Mathematisches Modellieren für Schule und Hochschule. Eine Einführung in theoretische und didaktische Hintergründe*. Wiesbaden: Springer Fachmedien, S.128.

allgemein bekannten Definition des Begriffs ‚Modell' aus, welches eine vereinfachte Darstellung der Realität beschreibt[12], so wird im Mathematikunterricht ein realistisches und vor allem authentisches Problem aus der Wirklichkeit entnommen, welches nicht ‚mathematisiert' ist. Damit unterscheiden sich Modellierungsaufgaben von anderen Sachaufgaben, da sie nicht die Anwendung und Ausführung von bestimmten (meist von der Lehrkraft intendierten) mathematischen Verfahren in den Fokus stellt. Hier ein Beispiel: *„Max will an seinem 8. Geburtstag mit seinen Gästen Schokoküsse essen. Wie viele Schachteln muss er mit seiner Mutter einkaufen?"*[13] Im Fokus steht der Kontext des Problems, welches Fragen wie, ‚Wie viele Gäste kommen überhaupt?' etc., hervorbringt und demnach das Modellieren verlangt. Modellierungsaufgaben können in verschiedenster Aufgabenkategorie in den Unterricht integriert werden, weshalb ihr Potential auch so weitreichend ist. Merkmalhaft für derartige Aufgaben sind der Realitätsbezug, die Authentizität und die Offenheit. Besonders für die Grundschule ist wichtig, dass Schülerinnen und Schüler die Möglichkeit haben die Aufgaben mit weitestgehend vertrauten Methoden lösen zu können. Dies ist von Bedeutung, damit sich die Lernenden an solche Aufgabentypen zunächst gewöhnen können und Schwierigkeiten des selbstständigen Lernens, Fragen Formulierens oder Mathematisierens entlastet werden.[14]
Wie genau Modellierungsaufgaben funktionieren und welchem System sie nachgehen, soll im Folgenden dargestellt werden.

1.2.1 Modellierungskreislauf

Auch der Rahmenlehrplan für Mathematik verdeutlicht, dass Schülerinnen und Schüler durch Modellierungsaufgaben das Betreiben von Mathematik in der Wissenschaft erfahren können und sich damit in einen komplexen Kreislauf begeben[15], was die Bearbeitung realistischer Anwendungssituationen voraussetzt. Allerdings existieren verschiedene Darstellungen des Modellierungsprozesses, welche zum Einen durch einen unterschiedlichen Forschungszugang und zum Anderen durch ein verschiedenes Verständnis von Modellieren resultieren. Modellierungskreisläufe können außerdem in Phasen dargestellt werden[16]. Im Folgenden soll der Modellierungskreislauf nach Eva Jablonka (2017) erläutert werden:

---

[12] Vgl. ebd., S.12.
[13] Maaß, Katja (2011): *Mathematisches Modellieren in der Grundschule.* (Handreichungen des Programms SINUS an Grundschulen). Kiel: IPN, S. 3.
[14] Vgl. ebd., S. 17.
[15] Vgl. Berliner Senatsverwaltung für Bildung, Jugend und Familie (2017), S.25.;Vgl. Jablonka, Eva (2017)
[16] Vgl. Borromeo Ferri, R. & Kaiser, G. (2008): *Aktuelle Ansätze und Perspektiven zum Modellieren in der nationalen und internationalen Diskussion.* In: Materialien für einen realitätsbezogenen Mathematikunterricht. Bd. 12 (ISTRON). Die Kompetenz Modellierung. Konkret oder kürzer

Zunächst besteht dieser Kreislauf aus zwei Welten, nämlich der ‚Realität' und der ‚Mathematik', worin modellhafte Vorstellungen von einem Problem existieren, die jeweils als ‚reales Modell' und ‚mathematisches Modell' betitelt werden. Die mathematische Modellierung läuft so ab, dass zunächst Aspekte einer Situation ausgewählt werden, die dann bei der Veränderung im Fokus stehen. Nach Jablonka steckt in dem Begriff ‚reales Modell' der idealisierten ‚real Situation' eine Auffassung der konstruierten Wirklichkeit. Der Prozess des idealisierten Modellkreislaufs ist demnach wieder ein Modell des mathematischen Modellierens. Wird die Vorstellung der konstruierten Wirklichkeit nun in eine mathematische Darstellung in Form von Gleichungen oder Diagrammen gebracht, so befindet man sich im Prozess der Mathematisierung. Damit wurde die Situation im ‚realen Modell' in mathematische Sprache umgewandelt. Dieser Prozess ereignet sich auf der innermathematischen Ebene, worin mathematische Verfahren angewandt werden. Letzteres gilt es die auf der mathematischen Ebene erarbeiteten Ergebnisse auf die Ausgangssituation, d.h auf ihr ‚reales Modell', zu beziehen. In diesem Zusammenhang spricht Jablonka auch von einer Rückinterpretation bzw. ‚Rekontextualisierung'. Wichtig anzumerken ist, dass nicht jedes Kind durch die vorliegende Aufgabe den gesamten Modellierungsprozess durchläuft; dies geschieht sehr individuell.

2 Sprachsensibler Unterricht durch mathematisches Modellieren in der Grundschule

Denkt man an den Mathematikunterricht so scheint das Wissen um Symbole und deren sprachliche Ausdrücke ausreichend zu sein. Allerdings gehört es zu einem tieferen mathematischen Verständnis dazu Fachbegriffe zu durchdringen und sie abstrahieren zu können, welches einen sprachlichen Lernprozess bedeutet. Sind Lehrkräfte demnach nicht sensibel im Umgang mit Sprache, so kann viel mathematisches Potenzial der Heranwachsenden verloren gehen. Außerdem bietet der Mathematikunterricht eine große Bandbreite an Möglichkeiten auch fächerübergreifend zu arbeiten. Genau dadurch zeichnet sich ein sprachsensibler Fachunterricht aus: Sprache wird gebunden an ihr Nutzen für mathematische Zwecke und stellt dauerhaft vielfältige Kommunikationssituationen bereit [17]. Es geht nicht darum parallel einen Sprachunterricht durchzuführen, sondern mathematische Inhalte sprachsensibel aufzuarbeiten. Eines dieser Umsetzungsmöglichkeiten sind mathematische Modellierungsaufgaben. Welches Potential sie für einen sprachsensiblen Mathematikunterricht bieten, soll im Folgenden erläutert

---

(S. 1–10). Hildesheim: Franzbecker. sowie Vgl. Blum, Werner (1985): *Anwendungsorientierter Mathematikunterricht in der didaktischen Diskussion*. In: Mathematische Semesterberichte, 32 (2), S. 195–232.

[17] Meyer, Michael; Tiedemann, Kerstin (2017): *Sprache im Fach Mathematik*. Berlin: Springer Verlag, S. 39f.

werden. Hierfür wird zunächst dargestellt, welche Bedeutung und Ziel sie für Heranwachsende verfolgen und welchen (sprachlichen) Kompetenzerwerb durch Modellierungsaufgaben gefördert werden. Dies wird im Hintergrund eines sprachsensiblen Mathematikunterrichts analysiert.

2.1 Bedeutung und Ziele für Heranwachsende

Die Vielfältigkeit der Modellierungsaufgaben erlaubt es Ziele auf unterschiedlichen Ebenen zu verfolgen. Da es Modellierungsaufgaben in sich haben in wechselseitiger Beziehung zwischen Mathematik und Realität zu fungieren, beziehen sich ihre Ziele nicht nur auf fachliche Erkenntnisse. Im folgenden sollen drei unterschiedliche Ebenen vorgeführt werden, die Ferri (2013) zusammenführte[18].

Inhaltsorientierte Ziele: Die Heranwachsenden kommen durch Modellierungsaufgaben in Auseinandersetzung mit ihrer Umwelt und erschließen diese mithilfe mathematischer Verfahren. Dabei soll ihre Fähigkeit Geschehnisse der Umwelt wahrzunehmen und zu verstehen gefördert werden[19]. Eine Problemstellung wahrzunehmen, sie zu verstehen und anschließend seinen Mitlernenden zu erläutern, erfordert bestimmte sprachliche Kompetenzen, die mit Modellierungsaufgaben auch erzielt werden können. Dabei ist es wichtig, dass die Lehrkraft besonders auf die Kommunikation der Lernenden achtet und ihnen Mittel in die Hand gibt ihre Gedanken in Worte fassen zu können.

Prozessbezogene Ziele: Der Modellierungskreislauf machte deutlich, dass diese Art der Anwendungsaufgaben auch die Problemlösefähigkeit der Schülerinnen und Schüler fördern soll bzw. diese notwendig ist, um die Aufgaben bearbeiten zu können. Dazu gehört auch, dass Lernende ein Problem aus der realen Welt, die sie mathematisch aufarbeiten wieder in das reale Modell ‚rückinterpretieren' können. Ein sehr vordergründiges Ziel der Modellierungsaufgaben ist die Steigerung des Interesses und der Motivation an Mathematik[20]. Die Realitätsnähe und Authentizität ermöglichen den Heranwachsenden die Mathematik als Teil ihres Lebensumfeldes wahrzunehmen und erkennen. Im Bezug auf prozessorientierte Ziele kann gesagt werden, dass besonders die Kommunikation und das Argumentieren in diesem Zusammenhang von großer Bedeutung ist und durch Modellierungsaufgaben gefördert werden müssen, da selbst die Bearbeitung von derartigen Sachaufgaben eine Verständigung über die vorliegende Situation und eine Argumentation beim mathematischen Lösen des Problems verlangt.

---

[18] Vgl. Ferri, Rita Borromeo et al. (Hrsg.) (2013), S.20.
[19] Vgl. Ferri, Rita Borromeo et al. (Hrsg.) (2013), S.20.
[20] Vgl. ebd.

Allgemeine Ziele: Hier formuliert Ferri besonders kulturbezogene Ziele. Es geht darum, wie am Anfang der Arbeit bereits erläutert, Schülerinnen und Schüler die Mathematik als Wissenschaft näher zu bringen. Es soll begreifbar gemacht werden, dass die Mathematik einen zentralen Stellenpunkt in der Gesellschaft besitzt und maßgeblich für viele Entwicklungen ist. Darunter werden auch soziale Ziele verfolgt und angestrebt, Heranwachsende zu kritisch hinterfragende Wesen zu erziehen[21]. Außerdem lernen Kinder selbstständig zu arbeiten, da meist keine eindeutige Lösung und kein eindeutiges Verfahren vorhanden sind. Auch diese Zielstellung ist mit einer sprachsensiblen Gestaltung der Modellierungsaufgaben vereinbar und bestätigt, wie die vorher genannten Ziele, auch, dass Modellierungsaufgaben einen sprachsensiblen Mathematikunterricht ermöglichen. Auch werden die Ziele der Modellierungsaufgaben in der Wissenschaft wie folgt benannt: Kompetenzen zum Anwenden von Mathematik, ein ausgewogenes Bild von Mathematik als Wissenschaft, heuristische Strategien, Problemlöse- und Argumentationsfähigkeiten, Kompetenzen im Kommunizieren, Motivation zur Beschäftigung, soziale Kompetenzen[22]. Diese fassen die bereits erläuterten Ziele zusammen, die mit dem mathematischen Modellieren erreicht werden sollen.

2.2 Sprachlicher Kompetenzerwerb durch mathematisches Modellieren

Modellieren wird als eines der sechs allgemeinen mathematischen Kompetenzen formuliert. Dabei vereinen Modellierungsaufgaben Bildungs- und Fachsprache und sind damit nicht nur für die Förderung fachlicher Inhalte von Bedeutung. Zwar wird vordergründig im Rahmenlehrplan für Mathematik formuliert, dass es darum geht reale Situationen in mathematische Situationen zu ‚übersetzen' und nach der Bearbeitung zurück in die reale Situation zu übertragen[23]. Allerdings fördern Modellierungsaufgaben auch darüber hinaus Kompetenzen: Ein tiefes Verständnis der Textaufgabe ist Voraussetzung für den ganzen Modellierungsprozess und auch die Interpretation von Graphen, Tabellen oder Diagrammen gehört dazu. Demnach erfordern Modellierungsaufgaben auch eine starke sprachliche Kompetenz von den Schülerinnen und Schülern[24]. Da diese Art der Anwendungsaufgaben meist schriftlich formuliert werden, müssen die Heranwachsenden die vorgestellte ‚reale Situation' zunächst lesen und die ‚reale Situation' aus der Realität verstehen. Dabei wird schon ein Konstruktionsprozess der vorhandenen Situation

---

[21] Vgl. ebd.
[22] Vgl. Blum, 1996; Franke, Ruwisch, 2010; Kaiser-Meßmer, 1986
[23] Vgl. Berliner Senatsverwaltung für Bildung, Jugend und Familie (2017), S.7.
[24] Vgl. Ferri, Rita Borromeo et al. (Hrsg.) (2013), S.126f.

vollzogen und ein Situationsmodell entworfen[25]. Selbst beim Übertragen der Situation in die mathematische Welt muss das Sprachregister gewechselt werden; die Lernenden müssen von der Umgangssprache in die Fachsprache übergehen und nun durch mathematische Verfahren die Aufgabe bearbeiten, bevor dann die Situation wieder ‚rekontextualsiert' wird. Deutlich wird, welchen starken Einfluss die Sprache in jedem Prozess der Lösung von Modellierungsaufgaben haben. Besonders sprachlich leistungsschwächere Schülerinnen und Schüler könnten bei derartigen Aufgaben Schwierigkeiten aufweisen, obwohl sie wahrscheinlich in fachlicher Hinsicht ausreichende Fähigkeiten zum Lösen des Problems mitbringen.

"[Sie] warten ab, bis alle offenen Fragen zu der Aufgabe geklärt werden. Die gestellte Aufgabe bleibt unbearbeitet. Der eigene, konstruktive Lösungsprozess wird auf Eis gelegt. Die anschließenden Erklärungen eines Lösungsweges, die z. B. in den Phasen der Ergebnissicherung erfolgen, sind für diese Schülerinnen und Schüler nicht mehr so gewinnbringend wie die Eigenbearbeitung einer Aufgabe bei anderen Lernenden."[26]

Aus diesem Grund ist es unumgänglich einen sprachsensiblen Mathematikunterricht zu gestalten. Damit können Modellierungsaufgaben als Chance genutzt werden Kompetenzen zu fördern, die dann auch für die Erweiterung der Modellierungskompetenz dienen.

---

[25] Vgl. ebd., S.130.
[26] ebd., S.128.

3 Umsetzungsmöglichkeiten in der Grundschule

Es gibt viele Möglichkeiten den Modellierungsprozess sprachsensibel im Mathematikunterricht zu fördern. Dieses Kapitel soll nach der theoretischen Aufarbeitung des Themas, ein konkretes Beispiel vorstellen.

3.1 Modellierungsaufgaben für Kinder?

Um Modellierungsaufgaben im Unterricht einzusetzen, muss die Lehrkraft diese zunächst an den Lernstand, der konkreten Unterrichtssituation und dem erwarteten Kompetenzerwerb anpassen. Sie sind fächer- und themenübergreifend. Allerdings reicht es nicht aus, dass bloße Sachtexte genutzt werden, denn Modellierungsaufgaben zeichnen sich dadurch aus, dass sie eben nicht künstlich sind, sondern in den Lerninhalt des Unterrichts passen und realitätsnah sind. Hinsichtlich der Modellierungsaufgaben kann man verschiedene Kategorien unterscheiden und ganz wichtig, diese von Sachaufgaben abgrenzen. Allerdings kann aufgrund des begrenzten Rahmens der Arbeit dies nicht näher aufgegriffen werden. Wichtig ist, dass den Kindern die Möglichkeit gegeben wird das Problem eigenständig zu lösen, die entsprechenden Daten auszuwählen und zu entscheiden, welches mathematische Modell geeignet ist; und dies bereits in der Grundschule. Die Lehrkräfte sollten die Kinder mit Modellierungsaufgaben da abholen, wo sie in der Schulanfangsphase den Mathematikunterricht beginnen. Maaß stellt für den Einsatz der Modellierungsaufgaben in der Grundschule folgende Phasen auf: „(1) Der Einstieg in die Problemsituation, das Stellen von Fragen bzw. das Erfassen der Fragestellung, (2) das Erarbeiten einer Lösung sowie die (3) Präsentation und Besprechung der Lösung.[27]" Die Schülerinnen und Schüler sollten hierbei besonders durch Gruppenarbeiten oder der ‚Ich- Du- Wir' Methode selbstständig arbeiten und dem Prinzip der Modellierungsaufgaben gerecht werden. Modellierungsaufgaben eignen sich demnach auch für die Schulanfänger, da dadurch an ihr Interesse geknüpft und ein vertrauter Umgang mit Mathematik ermöglicht wird.

---

[27] Maaß, Katja (2011), S.17.

3.2 Beispielaufgabe

„Im Schwimmverein sind aktuell 1000 Kinder und 250 Erwachsene Mitglied. Kinder zahlen pro Monat 10 € Mitgliedsgebühr, Erwachsene 15 €. Im kommenden Jahr sollen durch eine Erhöhung der Eintrittspreise die Einnahmen auf 20.000 € gesteigert werden. Wie würdest du die Beiträge erhöhen? Was findest du gerecht? Berechne und begründe."[28]

Diese Aufgabe beschreibt ein normatives Modell, ist authentisch und behandelt Fragen, die über die Mathematik hinausgehen (themen- und fächerübergreifend). Allerdings soll im Folgenden nicht die Modellierungsaufgabe analysiert, sondern ihr Potential für eine sprachsensiblen Arbeit dargestellt werden.

Zunächst weckt das Thema der Aufgabe Interesse bei den Heranwachsenden, da sie dies unmittelbar aus ihrem Alltag kennen. Wichtig ist, dass die Aufgabe nicht losgelöst von dem Unterrichtsinhalt behandelt wird. Die Aufgabe beginnt mit einer Schilderung der Situation und daran anknüpfend folgt die Fragestellung, wodurch eine Textkohärenz geschaffen und Verständnisproblemen weitestgehend vorgebeugt wird. Die mathematische Lesekompetenz wird gestärkt, indem Formulierungen wie ‚gesteigert', ‚pro Monat', ‚aktuell' oder auch ‚Erhöhung' wichtige Informationen enthalten, die zur Lösung des Problems von Bedeutung sind. Demnach beinhaltet die Aufgabe trotz ihrer Realitätsnähe und Authentizität Begriffe, die mathematische Verfahren ankündigen und sich der Fachsprache annähern. Damit ist auch das Prinzip der Modellierungsaufgaben, einen Kontaktpunkt von Mathematik und Realität zu schaffen, sprachlich realisiert. Diese Modellierungsaufgabe bietet auch die Förderung der Kommunikation, Argumentation und Hinterfragens- besonders durch die Frage ‚Was findest du gerecht?' und sollte besonders durch Gruppenarbeitsphasen angeregt werden, da dies auch allgemeine Ziele von Modellierungsaufgaben sind. Allerdings könnte auch kritisch hinterfragt werden, inwiefern Kinder auf derartige Fragen in ihrem Alltag kommen könnten und ob dies den Authentizitätgehalt der Aufgabe nicht vermindert und damit einer klassischen Sachaufgabe näher kommt?

---

[28] ebd. S. 14.

Fazit

Inwiefern können Modellierungsaufgaben als Chance für einen sprachsensiblen Mathematikunterricht genutzt werden? Diese Frage war die Grundlage der vorliegenden Arbeit. Hierfür wurde zunächst dargestellt, warum Sprache im Mathematikunterricht einen großen Stellenwert besitzt und gefördert werden muss. Modellierungsaufgaben wurden dabei als Chance für einen sprachsensiblen Mathematikunterricht vorgeführt und näher erläutert. Abschließend folgte eine Beispielaufgabe zur konkreten Darstellung des Potentials.

Modellierungsaufgaben bieten die Chance, entgegen der Meinung der Allgemeinheit, die Mathematik in unserer Welt erkennen zu können. Besonders für Kinder ist dies von immenser Bedeutung, um ein positives Verhältnis zur Mathematik aufbauen zu können. Aufgrund ihrer Offenheit, holen sie die Kinder auf ihrem individuellen Niveau ab. Auch für Lehrkräfte bietet diese Offenheit die Möglichkeit gezielte Kompetenzen zu beobachten und Aufgaben sprachsensibel zu gestalten. Da der Prozess des Modellierens recht komplex ist, viele Kompetenzen sowohl im mathematischen als auch im sprachlichen Kontext erfordert, ist ein sensibilisierter Umgang unumgänglich. Dies machte die Beispielaufgabe nochmals deutlich und zeigte auf, wie viel sprachliches Potential in einer Modellierungsaufgabe steckt. Allerdings soll dies nicht heißen, dass Lehrkräfte Modellierungsaufgaben für sprachliche Förderung von Nutzen machen, sondern erkennen, dass schon die Ziele von Modellierungsaufgaben sprachliche Förderung beinhalten und einen sensibilisierten Umgang pflegen. Denn die Förderung von Sprache ist in jedem Schulfach von gleicher sowie großer Wichtigkeit.

Literaturverzeichnis

Abshagen, Maike (2015): *Praxishandbuch Sprachbildung Mathematik. Sprachsensibel unterrichten- Sprache fördern.* Stuttgart: Ernst Klett Verlag.

Berliner Senatsverwaltung für Bildung, Jugend und Familie (2017): *Rahmenlehrplan Teil C Mathematik, Jahrgangsstufen 1- 10.*

Blum, Werner (1996): *Anwendungsbezüge im Mathematikunterricht – Trends und Perspektiven.* In G. Kadunz, H. Kautschitsch, G. Ossimitz & E. Schneider (Hrsg.): Trends und Perspektiven (S. 15–38). Wien: Hölder-Pichler-Tempsky.

Ferri, Rita Borromeo et al. (Hrsg.) (2013): *Mathematisches Modellieren für Schule und Hochschule. Eine Einführung in theoretische und didaktische Hintergründe.* Wiesbaden: Springer Fachmedien.

Franke, Marianne; Ruwisch, Silke (2010): *Didaktik des Sachrechnens in der Grundschule.* 2 Auflg. Heidelberg/Berlin: Springer Spektrum.

Gudrun, Stefan (2012): *Motivation und Interesse im Mathematikunterricht der Grundschule: Genese- Indizierung- Förderung. Evaluation und Reflexion des Unterrichtsprojekts Sprech- und Schreibanlässe im Mathematikunterricht der dritten und vierten Jahrgangsstufe.* Hamburg: Verlag Dr. Kovac.

Jablonka, Eva (2017): *Mathematisches ‚Modellieren' (auch ‚Modellbilden', ‚Mathematisieren') in der Schulmathematik.* Freie Universität Berlin.

Kaiser-Meßmer, Gabriele (1986): *Anwendungen im Mathematikunterricht.* Band I: Theoretische Konzeptionen. Bad Salzdetfurth: Franzbecker.

Krauthausen, Günter (2017): *Einführung in die Mathematikdidaktik- Grundschule.* 4. Auflg. Berlin: Springer Spektrum.

Lorenz, Jens-Holger (1996): *Ursachen für gestörte mathematische Lernprozesse.* In: G. Eberle; R. Kornmann (Hrsg.): Lernschwierigkeiten und Vermittlungsprobleme im Mathematikunterricht an

Grund- und Sonderschulen. Möglichkeiten der Vermeidung und Überwindung, S. 19–35. Weinheim: Deutscher Studienverlag.

Maaß, Katja (2007): *Mathematisches Modellieren. Aufgaben für die Sekundarstufe I.* Berlin: Cornelsen.

Maaß, Katja (2011): *Mathematisches Modellieren in der Grundschule.* (Handreichungen des Programms SINUS an Grundschulen). Kiel: IPN.

Meyer, Michael; Tiedemann, Kerstin (2017): *Sprache im Fach Mathematik.* Berlin: Springer Verlag.

BEI GRIN MACHT SICH IHR WISSEN BEZAHLT

- Wir veröffentlichen Ihre Hausarbeit, Bachelor- und Masterarbeit

- Ihr eigenes eBook und Buch - weltweit in allen wichtigen Shops

- Verdienen Sie an jedem Verkauf

Jetzt bei www.GRIN.com hochladen und kostenlos publizieren